孩子你相信吗

不可思议的自然科学书

小土龙
神秘失踪案件

〔韩〕权惠贞/文　〔韩〕梦秀贞/图　章科佳　徐小晴/译

湖南少年儿童出版社·长沙
HUNAN JUVENILE & CHILDREN'S PUBLISHING HOUSE

玉米地

侦探事务所

果园

牧场

高尔夫球场

游乐场

大王栗树

番茄地

一个月黑风高的夜晚，
狂风四起，吹打着窗户，
大雨也开始下个不停，
这是我最喜欢的天气。
遮蔽月光的云，呼啸而过的风，
以及冲刷脚印的雨……
在如此天时地利的夜晚，
总会发生点什么。

我先稍微介绍一下自己。

我就是栗树林的侦探，负责解决林子里发生的各种案件。

从捉拿在飞鸟窝里偷偷下蛋的杜鹃鸟之类的小案，到帮地蜈蚣寻找丢失的第99双鞋这种复杂案件，无所不包。

总之，栗树林就没有一天安生日子。

帕瑞斯大学

本月通缉犯

被通缉

时代

证据

嘟嘟嘟！
看，我就说吧，果然又有人来事务所了。

"我的朋、朋友小土龙不见了，请帮忙找一下。"

朋友不见了……嗯，是个失踪案件。

"小土龙圆圆胖胖的，非常美味……哦，不对，是非常善良。"

对方从头到脚都裹得严严实实的，说话还有些不那么着调。这个委托人有些奇怪。

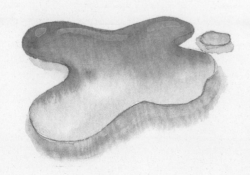

"我的朋友住在大王栗树下，这是它的照片。"

委托人把一张照片交到我手里，就急忙地消失在风雨中。

我还没来得及问一些相关问题呢。

委托人所给照片中的小土龙正是一条蚯蚓。

案件受理证

兹受理以下案件。

案件名：小土龙失踪案件
案件发生地点：大王栗树附近
委托人：自称是失踪者的朋友

栗树林侦探

蚯蚓的外形

蚯蚓是生活在地下的动物。
通过藏在头部的口器摄取食物，
什么都吃，从不挑食。
你猜哪儿是头，哪儿是尾巴？

环带

蚯蚓颈部有一圈白色突出的
环状物，称为"环带"，
有环带的一侧即是头部。
蚯蚓宝宝没有环带，
因为环带就是产卵的囊袋。

蚯蚓的身体由多个环状的节构成，
体节超过100个，你想数清楚的话，
还是趁早放弃比较好。

蚯蚓的皮肤光滑湿润，
是个不折不扣的大美女。
它通过皮肤呼吸，
所以皮肤要保持湿润，
它才能更畅快地呼吸。

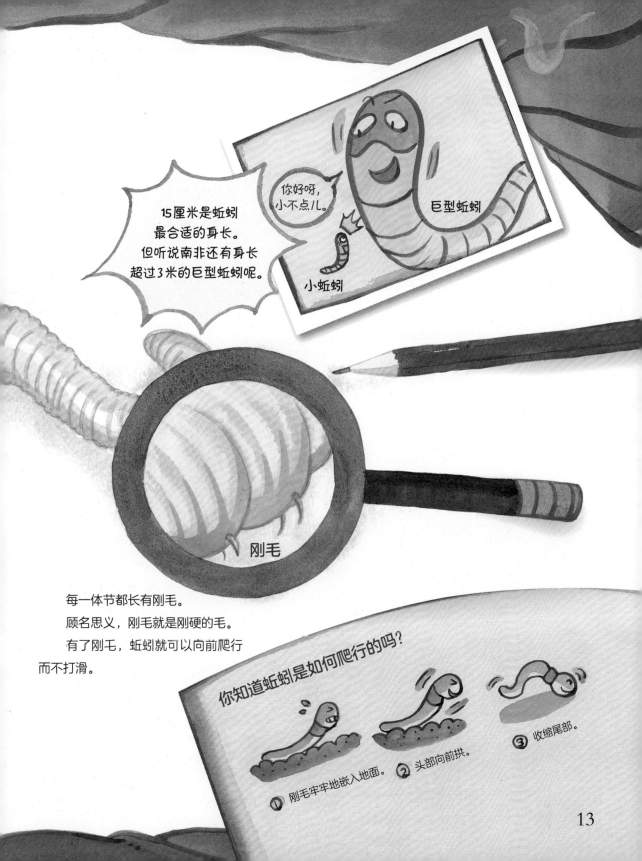

你好呀，
小不点儿。

巨型蚯蚓

小蚯蚓

15厘米是蚯蚓最合适的身长。但听说南非还有身长超过3米的巨型蚯蚓呢。

刚毛

每一体节都长有刚毛。

顾名思义，刚毛就是刚硬的毛。

有了刚毛，蚯蚓就可以向前爬行而不打滑。

你知道蚯蚓是如何爬行的吗？

① 刚毛牢牢地嵌入地面。

② 头部向前拱。

③ 收缩尾部。

13

调查第一天

我先去了一趟小土龙的洞穴。
它的洞穴在地下很深的地方，
各种通道纵横交错，就像是进了迷宫。
我徘徊了好几次，这才勉强找到。
它的洞穴阴暗潮湿，凉飕飕的。
在里面待久了感觉就像要长霉，
我赶紧开始了调查。

15

在小土龙洞穴的发现

蚯蚓祖先的肖像画

（第一代）

（第二代）

开拓者蚯蚓大王

扑通扑通蚯蚓

3亿5000万年前，
首次移居到陆地。

5亿年前，它生活在水里。

（第三代）

小土龙家

蚯蚓龙

1亿3000万年前，和恐龙成了朋友。

蚯蚓要比恐龙更早出现在地球上。
它居然存活到了现在，真是了不起呀。

洞穴墙壁上没有壁纸，
而是粘有像鼻涕一样的黏液。

墙壁上的黏液

小土龙？

黏液是从哪里来的呢？

黏液是小土龙身上分泌的液体，
可以让泥土更好地结合，防止洞穴倒塌。

小土龙的日记本

小土龙的日记本

绝对不能看

发现了小土龙
隐藏极深的日记本！
应该会有重要线索。

调查结束后，有个奇怪的人物蹦了过来。

"看样子您来察看我朋友的家了呀。"

凑近一看，原来是本次案件的委托人呀。

"侦探先生，请您快点找到我的朋友。我等它长到这么胖，可是等……哦不对，我是说，我等着和它一起坐快艇*出去玩，可是等了好久。"

说完后，委托人还不禁咽了咽口水。

"等等，这么说来，我到现在还不知道委托人你的名字呢。"

*韩语中的"胖"和"快艇"发音类似。

"我的名字？嗯，这个嘛……"
委托人顿时涨红了脸，
明显有些不知所措。

一回到事务所，我就赶紧翻开了小土龙的日记本。

你还别说，这个家伙还真是有意思，又不是要交作业，自己的日记还写得格外认真。

日期：开拓者蚯蚓大王历 3 亿 5000 万年　2011 年 11 月 13 日
天气：让人愉快的潮湿

今天在游乐场玩了捉迷藏的游戏，玩得很开心。找我的是卷甲虫，它跑得可快了。

卷甲虫

咻

不过我给它准备了五岔迷路，完美地甩开了它。卷甲虫不知道该往哪条道走，最后落了个底朝天。

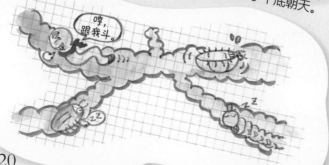

哼，跟我斗。

我挖好了洞穴，那些个甲壳虫呀，蜈蚣呀，各种虫子就会悄悄地搬家过来。

是因为我挖的洞最坚固吗？

当然是啦。我可以用黏液将土夯实，洞穴就非常坚固。

不过这些个家伙也不交点建设费，总是像跟屁虫一样跟着，我也挺烦的。

我的特长就是在地里开路。

我翻垦过的土地会变得很松软，空气容易进入。

那棵大王栗树因为土地硬化，都快奄奄一息了，在我的帮助下，它的根部已经可以自由呼吸，又重新焕发了生机。

嘿嘿，我就是这地下最靓的仔。

明天，我要挑战一下七岔迷路！

土地的好农夫 —— 蚯蚓

地里有蚯蚓的话，会怎么样呢？

为了种庄稼，人们在播种之前会先翻垦土地。这样的话，原先硬化的泥土就会变得柔软，腐叶或堆肥等地上肥料也会进入地里均匀混合，空气中的氧气也能深入地里。

地里有蚯蚓的话，蚯蚓在钻地挖穴的过程中，叼着的腐叶或是树根等就会深入地下。同时，地下的泥土也会被搬运到外面。有蚯蚓生活的泥土就会被均匀地翻垦，蚯蚓就好比活着的犁头哦。

蚯蚓翻垦过的土地会有什么变化呢？

蚯蚓吃进去又吐出的泥土，营养非常丰富，也更适合植物生长。

松软的泥土可以使空气自由出入，雨水更容易渗入，根部吸收到足够的水分。

蚯蚓挖好的洞穴也成为地下其他虫子的住所。

蜘蛛

我去了小土龙玩捉迷藏的游乐场。
小土龙的朋友们应该知道小土龙的行踪吧。

朝鲜潮虫

卷甲虫

蝉虫

千足虫

甲壳虫

线虫

24

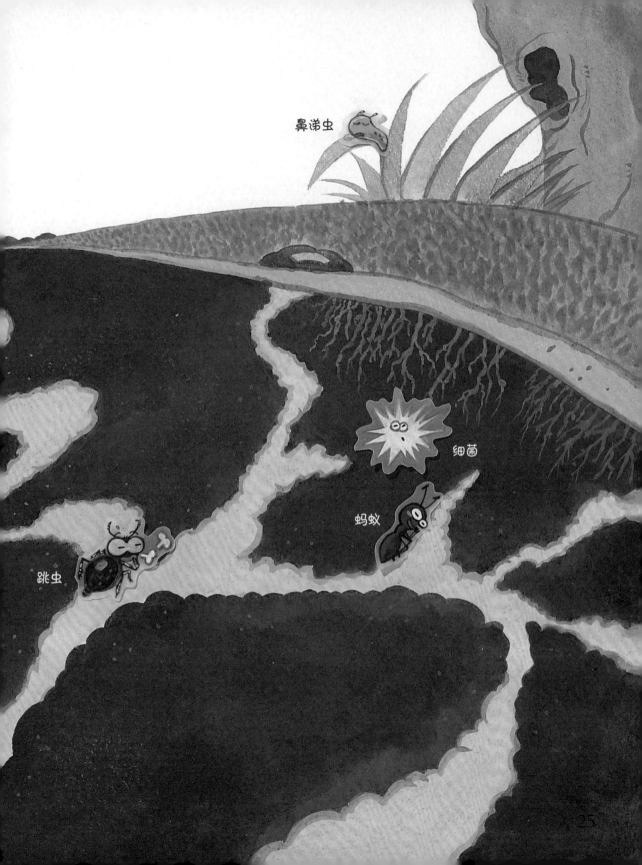

鼻涕虫

细菌

蚂蚁

跳虫

25

"这儿谁是小土龙的朋友呀？"

话音刚落，泥土里的各种生物都争先恐后地应和。

蚂蚁、蜘蛛、跳虫、卷甲虫、千足虫、
鼻涕虫、朝鲜潮虫、蝉虫、线虫，还有细菌……
哇，小土龙的朋友真是数不胜数呀。
我就从嗓门最大的开始询问吧。

27

地里朋友的证词

名称： **卷甲虫**

特征： 小土龙捉迷藏的玩伴。遇到天敌，身体就会卷成一个球状，外号"西瓜虫"。

一碰！

我卷！

小土龙是一个不折不扣的"饭桶"。它一天吃下的东西相当于自己的体重。什么腐叶呀，动物粪便呀，食物残渣呀，它都来者不拒，一一消灭，而且它大便也拉得很痛快。

所以喜提外号"便便队长"

名称：**细菌**

特征：生活在泥土、人或动物体内、树木等地方。技能是可以让很多东西腐烂。

小土龙喜欢我尝过的东西。是不是食物腐败变质后的味道更符合它的口味呢？有时候我也混在泥土中，进到它体内游玩一番。因为小土龙的肚子里有非常美味的水，我们细菌都喜欢。

名称：**蚂蚁**

特征：勤劳，力气大。可以搬运比自己
身体重几倍的东西。

小土龙说了，
它是雌雄同体。
所以呢，
小土龙既不是男生，
也不是女生。
不对，
应该说它既是男生也是女生?
总之很混乱，很混乱。

哼，口味比我
还重的家伙。

名称：**千足虫**

特征：挖土高手。腋下会散发极其难
闻的味道来逼退天敌（有时候
也会逼退朋友）。

小土龙失踪了?
它不喜欢阳光，
喜欢阴暗潮湿的地方。
该不会是为了躲避阳光，
挖土挖到地心去了吧?

名称：**跳虫**

特征：跳高运动员。没有翅膀，腹部有弹器，可跳至10 厘米高。它非常小，需借助显微镜才能观察到，肉眼看的话，估计眼看瞎了也找不到。

蹦——跳——

来的路上，
我看到大王栗树下面有一堆屁屁。
不会是小土龙拉的吧？
那里可是小土龙
平时非常爱去的卫生间。

大王栗树下？
有一堆尼尼？
这好像是个关键点呀……

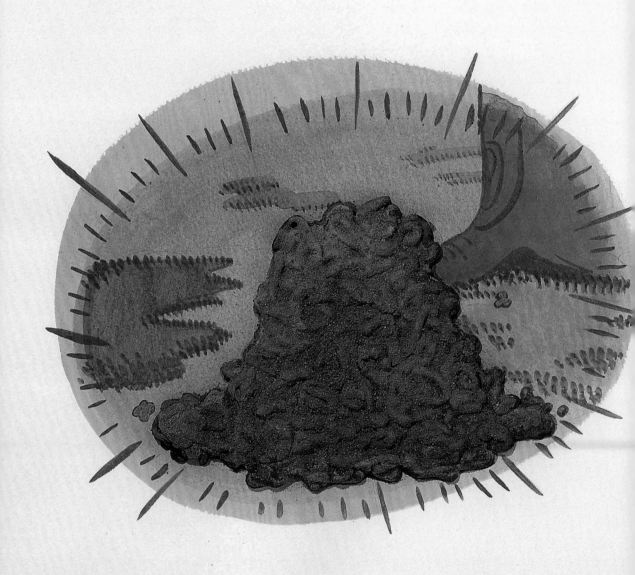

我赶紧跑到大王粟树底下，
果然有一堆尼尼高高耸立。
"原来是粪土。"
这些粪土应该是蚯蚓拉出的大便。
它营养丰富，是植物们最喜欢的养料。
既然这里有粪土，
那小土龙不久前肯定在这附近出现过。
啧啧，果然是便便队长，这粪便量……

粪土的产生——蚯蚓的消化过程

当当，粪土里种植物，就会结出新鲜美味的果实。

当当，见证奇迹的时刻！

细嚼慢咽

津津有味！

落叶、腐烂的植物、动物粪便等混着泥土一并吞下。

主要证物

蚯蚓的大便营养非常丰富，能够滋养土壤。

掉到地上的落叶、虫子的尸体、动物粪便等进入蚯蚓肚子之后，就会产生非常好的天然肥料。

噗噜噜

食物进入蚯蚓肠子后，在细菌的作用下，变成营养丰富的粪土。

拉出营养满分的便便。

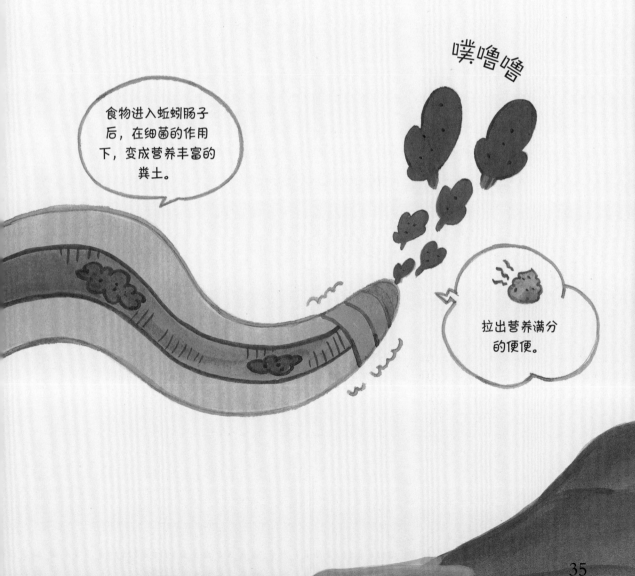

调查第三天

蚂蚁来到了侦探事务所。
"昨天玩捉迷藏的时候，我捡到了这个，好像是小土龙的。"
蚂蚁拿出来的是蚯蚓的尾巴。
蚯蚓遭遇天敌后，可以断尾逃生，
因为尾巴具备再生能力，断了也能重新长出来。
说不定小土龙是遭受天敌攻击而逃跑了。
要不再去调查一下小土龙的天敌？

调查笔记

臭鼬

会用长长的脚爪去刨挖身在地穴的蚯蚓，非常执着且有耐心。

战斗力 ★★★

味道可不是开玩笑的。

蜈蚣

爪子锋利且有毒，能够麻痹蚯蚓，非常可怕。

战斗力 ★★★

光想着数脚都忘了这茬了。

田鼠

嗅觉敏锐，可以闻到离得很远的蚯蚓气味。心情好的话，一天可以吃掉几十条蚯蚓。

战斗力 ★★★★★

…

小土龙的天敌们

斑鸠

叨啄蚯蚓的高手。自己吃还不够，还会喂给自己的孩子吃。

战斗力 ★★★

☆人类☆

把蚯蚓用来炖煮喝汤，或者穿在鱼钩上当作饵料。

战斗力 ★★★★★★★

除此之外，还有貉、猫头鹰、老鼠、青蛙等。

草吸收蚯蚓的大便　　蚂蚱吃草　　细细嚼　　青蛙吃蚂蚱

生物之间相互捕食和被捕食，循环往复。

卷入

蛇吃青蛙

生吞

蚯蚓吃老鹰的腐尸　　老鹰吃蛇

果然不出我所料，到处都是脚印，
不过大部分都被抹去了，
看得出对方行事匆匆，
肯定是有人捷足先登了。
到底是谁呢？

还没找到小土龙吗，
侦探？

大喘气

原来是鼠田啊。

它一见到蚯蚓的尾巴，眼睛瞬时就睁大了，嘴角不停地流出口水，然后又赶紧麻利地抹干净。

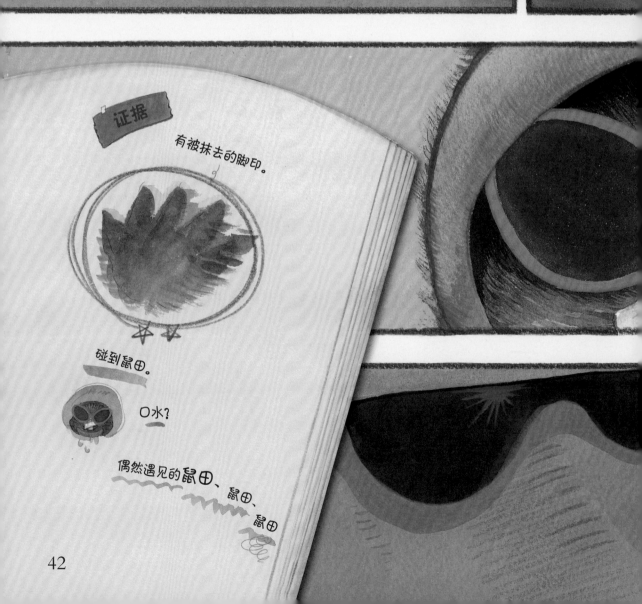

证据

有被抹去的脚印。

碰到鼠田。

口水？

偶然遇见的鼠田、鼠田、鼠田

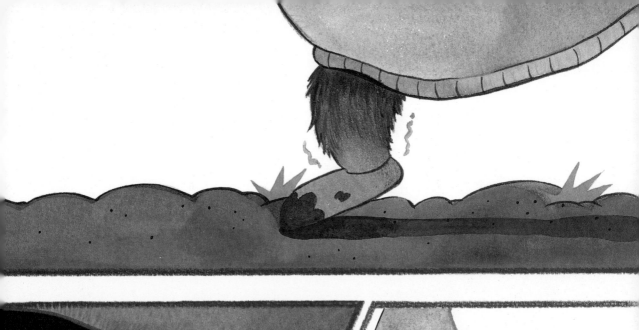

突然，眼前出现了
沾满泥土的前爪。

反复对比剩下的
脚印和鼠田的前爪，
鼠田显得很慌张。

"我，我，我还有点事，先走一步。
辛苦您了，侦探。"

43

我又重新查看了一遍地上的脚印，
肯定是鼠田留下的爪印，
而且刚才鼠田的脚爪模样是……

前爪形如园艺铲，方便挖土。

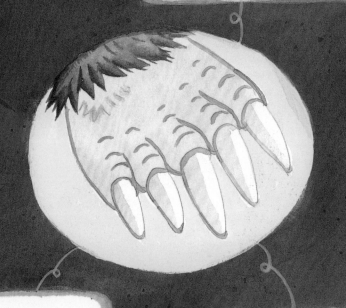

爪背宽，有五趾。

爪甲长，末端尖，方便抠鼻垢。

"这不就是田鼠的爪子嘛，
鼠田就是田鼠呀！"
那家伙可不是小土龙的朋友，
而是天敌！
可它为什么要找小土龙呢？
很多地方还讲不通，
不过既然受理了这个案子，
我就会抽丝剥茧，
揭开谜底！

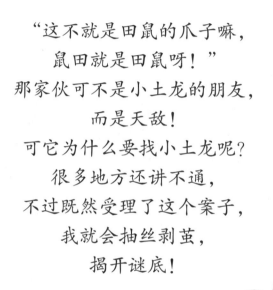

啪

回到事务所后，我又重新翻开了小土龙的日记本。
现在这就是最重要的线索了。

日期：开拓者蚯蚓大王历3亿5000万年　2011年11月25日
天气：明月当空

大地一直轰隆隆作响，好几天没睡着觉了。
栗树林泥土的味道也不是之前那个味儿了。
夹杂着很多陌生的食物，不再是美味的垃圾和香喷喷的粪便了。

坚若磐石

还以为是口香糖，一吃才
发现太硬了，立马吐掉。

再怎么用唾液润湿，也不会
变软，下巴都快累断了。

呸！

天啊，能吃的
一个都没有。

居然有黑色汤汁流出来。

我就算再怎么能吃，
没有腐败的东西是不能吃的。
不知道是不是因为没吃饱，
我整天放屁，头还晕乎乎的，
不会是生病了吧？
为了以防万一，
我还是去检查一下身体吧。

★现在最想吃的东西★

呸!

发霉的面包　细菌吐出来的香蕉皮　发软的甘蓝　甜瓜

大地作响，
泥土的味道也变了……
泥土不都是一个味道吗？

在调查栗树林泥土的时候，
我发现了一块之前没有的告示牌。

栗树乡野俱乐部高尔夫球场施工计划

1. 施工事由：松树乡野俱乐部高尔夫球场人满为患，故另外建设一个高尔夫球场。
2. 施工位置：栗树林
3. 施工准备工作：砍伐所有栗树，削平山体。
   土地喷洒杀虫剂和杀菌剂。
   （防止打球过程中突然出现蚯蚓或田鼠）
   种植上草坪，然后继续喷洒剧毒农药。

如上事项，希望当地居民及林中的动物积极配合。
特别是**蚯蚓**，严禁在高尔夫球场草坪上大便。

— 建设所长 —

小土龙说得对。

粟树林的泥土的确发生了变化。

地下的动物四处游走，就会妨碍打高尔夫，

因此施工人员拼命喷洒杀虫剂和杀菌剂，

小土龙会不会就是受不了了，才离开的？

我马上回到事务所，
仔细翻看小土龙的日记本。
"在这里！找到了！"
我大吃一惊，不禁用手捂住了嘴巴。
林子里正在发生恐怖的事情。

这家伙竟然画起了漫画。

口蹄疫的秘密

文：小土龙　图：小土龙　主人公：小土龙

发生了一件可怕的事情。

不久前……

我的土地旁开始大量掩埋牛和猪的尸体。

什么情况？

那不是一两头，可得有 300 万头了吧。

啊，救命呀！

这到底是为什么？

号外号外*！

什么？发生了口蹄疫？

蚯蚓日报

*号外：特别事件发生时，临时发行的报纸。

50

口蹄疫是什么?

O蹄疫是蹄甲一分为二的动物容易得的疾病。

牛　　　猪　山羊　鹿

患上口蹄疫的话……

会发热!

没胃口!

嘴唇、舌头、牙龈、鼻子、脚趾等出现水疱。

哞哞
哞哞

然而并没有治疗的药物，因此一旦被感染，就会很痛苦，

或者死掉。

特别是猪群中，有一只感染的话，

进入!

口蹄疫病毒就会随病猪的唾液、鼻涕、粪便等，迅速侵入整个猪群。

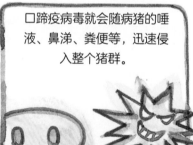

不过，真正可怕的事情现在才开始。

哪怕只有一头猪患上了口蹄疫，连同猪群中健康的猪在内全部都要被扑杀。

搞不好，这个村子里所有的猪都要被杀了。

为什么?

51

口蹄疫是传播非常快的传染病。

麦粒肿　感冒　口蹄疫

就像是甲流或禽流感，它也是由病毒引起的疾病。

病毒有一个特性，那就是极易传播。

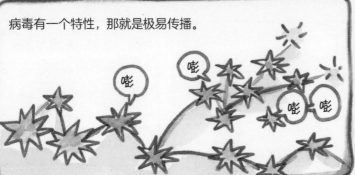

但是病毒都有潜伏期。

潜伏期是指虽已感染病毒，但未出现症状的时期。

虽然已经感染了口蹄疫，但表面上很正常。

放任这种猪不管的话，损失将会非常巨大。

这种情况下，为了预防，连周边的猪也要全部扑杀。

先让我静默一会儿，再来讲接下来的故事。

······

土地是催生种子发芽，
孕育新生命的地方，
也是生物在生命终结时，
最后埋葬的地方。

这时候呢，
就需要像我这样的分解者
把它们重新变成泥土。

但是，你想呀，
一个坑里一次性埋了好几百头的家畜，
会怎样呢？

而且，
因口蹄疫病死的猪腐烂后，
会产生浸出水。
浸出水恶臭连连，
还会释放有毒气体。

我的天啊，
这脏水是什么？

我和我的伙伴们再怎么努力
勤奋，

好忙，好忙！

身子十个
也不够使的。

加班加点，
也处理不完这些东西。

……

53

由于高尔夫球场的建设和浸出水的问题，
土地遭受到严重的污染。
小土龙的失踪就是因为这个。
那么，它又去了哪里呢？
还得再仔细看看日记本。

从前不久开始，总有个家伙躲在暗处偷看我。
住在我前面的小土龙昨天受到了攻击，
自断尾巴后才勉强逃脱。
偷看我和攻击前面小土龙的会不会是同一个家伙？

可能说的就是田鼠。

从白粉蝶宝宝那里学到了波浪舞。
首先移动头部，依次是身体、尾巴，柔软地蠕动，
看样子我有跳波浪舞的天分。

还会自吹自擂。

住在我旁边的小蚯蚓产卵啦。
环带内产生的卵茧，
逐渐向头部移动，
最后柠檬状的卵排出体外。
这其中最多可以孵化十胞胎。
一个月后，我还得过去祝贺呢。

的确很神奇，但是设什么用。

嗖——

小蚯蚓和它的孩子

今天的诗

我吃，
我拉，
我吃吃，
我拉拉。
我吃吃吃，
我拉拉拉。

今天我又盘活了土地。

礼物：苹果皮做的花束

一首不是很美的诗！

等一下，这又是什么？

霉菌

跳虫

屁

55

这个像蚯蚓爬过的图纹是什么？
蚯蚓们之间的暗号吗？

霉菌、跳虫、屁，
还有加上星号的这个图纹又是什么呢？
肯定另有所指。
解读出这个，应该就能知道小土龙的去处了。
哈哈，又到了发挥我真正实力的时候了。

霉菌　កលយយ ជជន អន

跳虫　ខណយក ខណ កន

屁　　ឯជន កថន

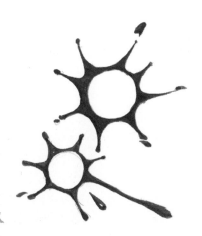

现在按照日记中的顺序，依次排列。

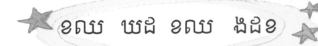
ខណ យឯ ខណ ឯជ

没错，小土龙去的地方就是番茄地。

一个细雨霏霏的晚上

今天，我刚好碰到了小土龙。
"新搬家的地方开始漏雨，
下雨的天气真是最烦人了。"
小土龙一见面就开始吐槽。
"之前住在大王栗树的时候，它还能阻挡雨水，
就是泥土味道没有以前那么美味了，
这才不得已离开。再加上……"
小土龙突然闭上了嘴巴。
有什么东西正在靠近，震得地面隆隆作响。

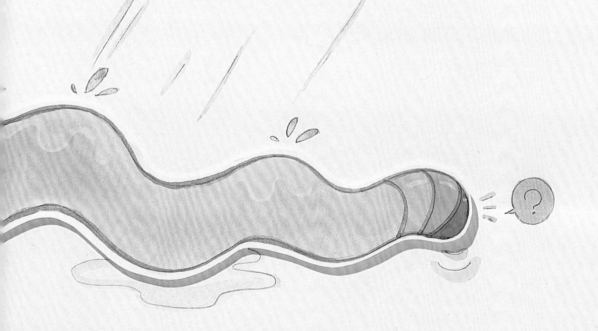

鼠田，不对，是田鼠一直在跟踪我！
它脱去厚实的衣服，
流着口水猛地向小土龙扑过去。
"呃啊，滚开！"
小土龙把刚毛嵌入地里，趴下紧贴地面，
做出拼死防卫的姿态。
"没门！"
就在田鼠要抓住小土龙的一瞬间……

"咻！"
一个尖锐的声音伴着一个黑影闪过。
一只鹰迅速伸出自己的利爪，
拽住田鼠的尾巴飞上了天空。

呃啊啊啊啊啊——放我下来!

田鼠的悲鸣声传得很远很远……
"呼,所以人们才说,
意外和明天不知道哪个会先来。"
小土龙大出一口气,
蠕动着身子进入了地下。
它还要努力地吃掉番茄地的泥土呢。

话说回来，委托人就这样消失的话……

结案的费用问谁要呢？

寻找图中的田鼠

案件：未支付委托费

栗树林侦探

嗡嗡嗡嗡嗡

小土龙讲述的环境故事

那些在和平的地下世界掀起的惊涛骇浪

不要使用农药！
为了更快更多地收获白菜而大量喷洒农药和化学肥料的话，会发生什么呢？土地会被污染，在其中生长的白菜，以及食用白菜的动物体内也会堆积污染物质。

讨厌被污染的水源。
高尔夫球场喷洒的农药，以及口蹄疫病猪尸体腐烂后流出的水会污染地下水，被污染的地下水会被雨水带走，污染江河和大海。

工厂废弃物不要掩埋在地下！

工厂废弃物掩埋在地下的话，其中的重金属等污染物质就会释放，从而污染土地。虽然已经紧急出台了法律禁止，但之前掩埋的废弃物依然威胁土地的健康。

讨厌高尔夫球场。

建造高尔夫球场的时候，会喷洒剧毒杀虫剂。难道地下的动物挖个洞，还会影响你的打球成绩？

可怕的口蹄疫！

感染口蹄疫病毒的数百万头猪都被埋在地下的话，土地会因为腐尸释放的各种病菌而失去生机，甚至得病。且因为着急掩埋，土地没有很好地夯实，也不具备必要的设施，一旦下起大雨，掩埋病猪的地方很容易发生塌方。

现在你们知道了吧？

无意的行为会威胁很多地下动物的生命。

所以从现在开始，

我们一起多关注一点吧。

土地的守护者——蚯蚓，谢谢你

一连好几天的阴雨过后，天空终于放晴的某个夏日，
在柏油路上看见一条平躺的蚯蚓。
"啧啧，这样下去就快是条烤蚯蚓了。"
我觉得这条蚯蚓很可怜，心里不是滋味。
结果那条蚯蚓气鼓鼓地说道：
"不要光看着好不好，帮忙挪到泥土上呗。"
我赶紧把它带到了湿润的花坛，
只见它津津有味地咀嚼着泥土，开始无边无际地唠叨起来。
这是我和唠叨鬼小土龙的第一次见面。
小土龙，顾名思义，就是泥土里的一条龙。
从它嘴里听说了地下世界的故事后，我都惊讶得合不拢嘴。
原来地下世界也像我们生活的世界一样，
每天都会发生各种有意思的事情。
在地下世界，各种昆虫、捕食昆虫为生的动物、霉菌，
以及细菌等，它们互相帮助，在追逐和被追逐中生活。
在这其中，蚯蚓就像是一个勤劳的农夫，

不停地翻垦土地，让泥土更加肥沃。

它也像个地下环卫工人，凭借其巨大的食量清理分解垃圾。

高尔夫球场的建设，农药和化学肥料的滥用，

垃圾的填埋，柏油路的建设，等等，

人们为了便利的生活所做的这一切，

却给土地带来了巨大的污染。

我和它约定说，要替它把这个故事讲给其他人听。

这片土地的所有蚯蚓都在努力地吃，勤奋地拉，

忠实地扮演着土地守护者的角色，

希望小朋友们能够为它们加油喝彩。

图书在版编目（CIP）数据

小土龙神秘失踪案件 /（韩）权惠贞文；（韩）梦秀贞图；章科佳，徐小晴译. —长沙：湖南少年儿童出版社，2023.5

（孩子你相信吗？：不可思议的自然科学书）

ISBN 978-7-5562-6824-5

Ⅰ.①小… Ⅱ.①权… ②梦… ③章… ④徐… Ⅲ.①土壤污染—少儿读物 Ⅳ.①X53-49

中国国家版本馆 CIP 数据核字（2023）第 061288 号

孩子你相信吗？——不可思议的自然科学书

HAIZI NI XIANGXIN MA? —— BUKE-SIYI DE ZIRAN KEXUE SHU

小土龙神秘失踪案件

XIAO TULONG SHENMI SHIZONG ANJIAN

总　策　划：周　霞　　　　　策划编辑：吴　蓓

责任编辑：吴　蓓　　　　　营销编辑：罗钢军

排版设计：雅意文化　　　　　质量总监：阳　梅

出　版　人：刘星保

出版发行：湖南少年儿童出版社

地　　　址：湖南省长沙市晚报大道 89 号（邮编：410016）

电　　　话：0731-82196320

常年法律顾问：湖南崇民律师事务所　柳成柱律师

印　　　刷：湖南立信彩印有限公司

开　　　本：889 mm×1194 mm　1/16　　　印　张：4.5

版　　　次：2023 年 5 月第 1 版　　　印　次：2023 年 5 月第 1 次印刷

书　　　号：ISBN 978-7-5562-6824-5

定　　　价：24.80 元